うちの猫がまた変なことしてる。 6

卵山《たまごやま》玉子《たまこ》

プロローグ

おかげさまです！
6巻です！
6
ありがとうございます!!!!!!
トンちゃんは8歳
シノさんは7歳になりました
人間だったら
40代半ばくらい
預かり猫のたねおも　もう5歳
まだ家にいます
3匹とも年々かわいさが
増しています
毎日かわいくなってる
とはいえもう中年なので
猫も人も健康には
気をつけようと思います
実際
ちょこちょこ
体調崩すことも
ありました
ちなみに夫は1年で2回
ぎっくり腰になりました
ア゛ー

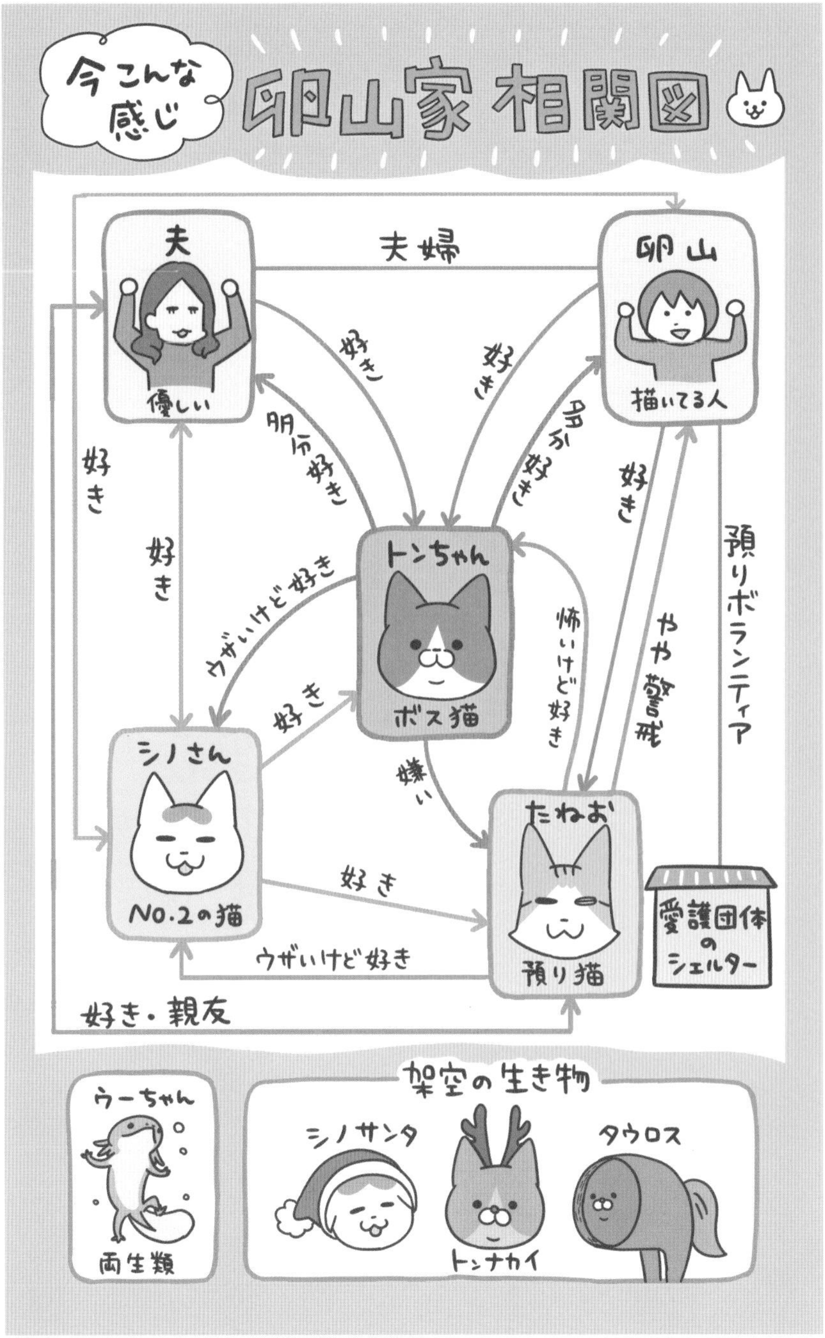
今こんな感じ
卯山家相関図
夫
優しい
卯山
描いてる人
夫婦
好き
好き
自分好き
自分好き
好き
好き
トンちゃん
ボス猫
ウザいけど好き
好き
怖いけど好き
好き
やや警戒
預りボランティア
嫌い
シノさん
NO.2の猫
好き
たねお
預り猫
ウザいけど好き
愛護団体のシェルター
好き・親友
ウーちゃん
両生類
架空の生き物
シノサンタ
トンナカイ
タウロス

もくじ

人物紹介

卵《たまご》山《やま》 玉《たま》子《こ》

この漫画を描いている人。
仕事中はYouTubeで怪談を
聴いていることが多い。
でもオバケをすごく恐れている

トンちゃん

性別:メス(2013年6月頃生まれ)
いつもお腹が空いているボス猫。
ツンデレだった性格は年々丸くなり
今では普通にデレデレしている

シノさん

性別:メス(2014年6月頃生まれ)
ちょっとうるさいけど、
誰にでもフレンドリーで気のよい猫。
卵山家の真のボスなのかもしれない

夫

運動好きで健やかな人。
仕事中はラジオを聴くことが多い。
最近はギックリ腰を恐れている

たねお

性別：オス（2016年8月頃生まれ）
愛護団体から預かっている猫。
食べるより遊びたい派のマッチョ。
夫とダンボール箱が大好き

ウーちゃん

性別：多分オス（2020年生まれ）
縁あって家に来たウーパールーパー。
目の前のものはとりあえず口に入れる

ハイパー
ネコジャラシ
DX

第1章

3猫が変なことしてる。

読む猫

「かわいい」と言われるととても喜ぶトンちゃん
かわいい!!
かわいいのパイオニア!!
ゴロゴロゴロゴロ
先日
トンちゃんは今日もかわいいな
パッチィー
ゴロ…
ゴロ…
口に出してなかったのに…?
ゴロロ…
……
かわいい
ゴ〜ロ
ゴロゴロゴロ
思考読んでる説ある
かわいい
ゴロロンヌ
かわい
ゴロロロロン

待つ顔

なで なで
なで なで
エヘ エヘ エヘ
なで
ぱ
チラリ
まだ なでて くれる…はず…
チラ
この顔がかわいくて
なでなでをわざと中断してしまう
なで なで なで なで なで なで
ぱ
おほほ
エヘヘヘ
たまに怒られる
まじめにやらんか
ニャーーッ!!!

たねおだから

たねおが子猫だった頃
細長い子猫
さすが
子猫って元気だな
びよーん
びよーん
1歳くらいの頃
ダダダダダダダダ
若いと元気だな
現在（5歳）
バババ
「若いから元気」なのではなく…
「元気な猫」だったのだな
ビャッ
タァン
ババババ

突然のボン

ふと見たらトンちゃんが
虚空を見つめて〝ボン〟となっていた
ボン
なんか毛が逆立って
ひと回り大きい
どうしたトンちゃん
虫でもいた？
……
……
無言＆ボン
えー何よ
怖い…
トンちゃんは
1分くらい
ボンボンして
ボボン
ゆっくり元に戻った
ススン…
何かわかんないけど
危機は去ったようだ

猫にはわからないので

ニャーニャ
ニャーオ
だっこ
ニャ〜ス
夫
だっこしてほしいのか
ははは
甘えんぼだな
ギックリ
うぁーー
腰が…ッ
ヨボボ
大丈夫か
にぇ
どした
にゃーにゃ
どした
……
ヨボ…
そっ…
ええーー
乗る!?
今!?
容赦ないな…

散らかす男

脚長な たねおは指も長い
しっぽも長い
全部長い
だからなのか
ザカ
ザカ
ザカ
ザカ
ザカ
ザカ
手に猫砂がいっぱい挟まる
スナ…
……
砂やーん
ビビビ
ビ
ビ
ビ
ビシ
やめてよ

全体的に長いです

だっこしろ
だっこしろ
砂かけ細マッチョ
猫
こなき シノ

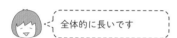

いつもの３匹。あまり動かないトンシノとチョロチョロするたねお

「あっち行って」って顔

仲良し感のあるしっぽ

なんだそのポーズは（かわいい）

出動するトンちゃん

かっこよく全員集合してた

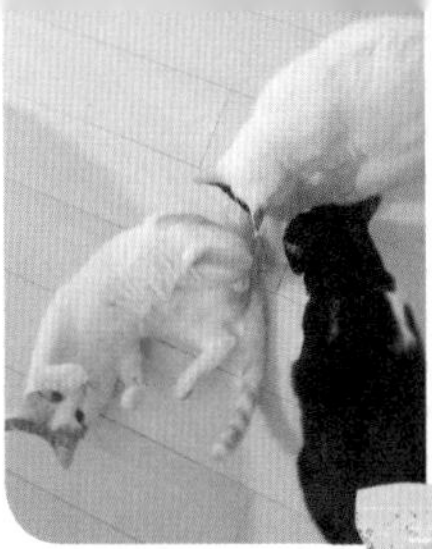

乾燥マタタビ→

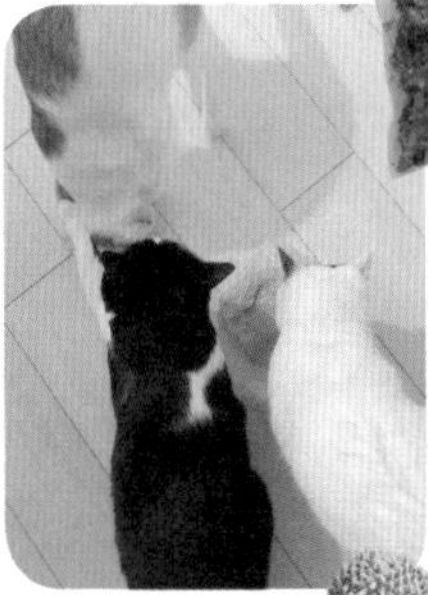

開封しない状態で
この騒ぎ

なんかみんな寄ってきた日

ラジコンゲームを妨害しまくる

新しい爪とぎをチェックするトンシノ

近くで寝てたのでしっぽをくっつけてみた

たねおは夫のところに避難。静観するシノさん

たねおに圧をかけるトンちゃん

瞳孔だけで十分だ

たねおに絡まれたときのトンちゃんの反応
①口頭注意
ふまっ
②脅かす
ぶつぞ
(ぶたない)
③ぶつ
ぶつ
めんっ
くつろいでるとき
寝てると強気
へいへいへいへい
……
ぎゅわ
省エネ時が一番怖い
めっちゃこわい

笑む猫

シノさんは人と目が合うと
ニコ…
キャア
ニコニコしてくれる
パチ…
寝起きでも――
ニコニコしてくれる
ふへ…
いいやつだな

毎日 友好の意を伝えて
くれて嬉しい

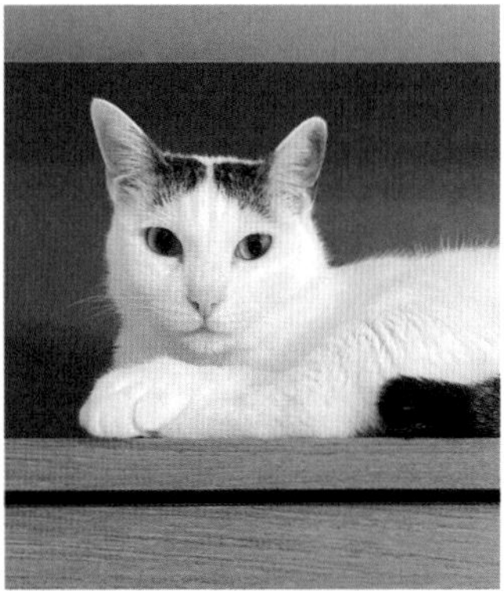

ノリノリのとき↓
ニャアァアァ
ヘイヘイヘイヘイ
目ぇ
合ったよな
だっこするよな
ヘイヘイ

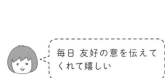

持て余す

たねおは脚が長い
スラリ
……
それは…どの脚がどの脚なの？
絡まってない？
たまに混乱するほど長い

シンプルに羨ましい

あの長い脚どうやって
その箱に収めてんの…
nyamazon
猫は不思議

何回やっても

けっこう体型が違う3匹
脚の長さも差があるのかな
測ってみた
14cm
21cm
すすすすすす
……
17cm…
測るたびに長さが変わるので
伸縮してる…？
計測断念

グニャグニャなので脚の始点もわからなかった

食い気味のニャー

シノさんに話しかけると
シノさん
そこあったかいのかい
ZASSHI
にぃん
会話してるっぽく返事してくれるけど
そうかそうか
にゃおん
元気だね
にんに
にゃ
多分こっちの話は聞いていない
かわ…ね
にぇー
今日は…
にゃあああ
んんんい

返事してくれて偉い

多分 誰の話も聞いていない
オーケーそい寝しよう!!
あっち行って

理由が知りたい

たねおの趣味は
夫の部屋のゴミ箱から
ティッシュを持ち出して
まんべんなく部屋に
散らかすことなのですが
PLUS ULTRA
!!!
最近はその勢力を拡大し
リビングにも
散らかすようになった
満足そう
なんのために…

何かこだわりがあるのか、
一箇所に集中しないよう
にちゃんと散らして配置
するんですよ

困惑するトンシノ

結末はいつも

また たねおが トンちゃんに寄り添ってる
よりそい…
いまだ仲良くならない

たねおは いい奴だな
カシャー
カシャー
カシャー
カシャー
……
記念に写真を撮るけど

大抵トンちゃんが 殴りかかってしまうので
なに よりそってんだよ
ポカス
ああ
最後の写真はブレがち

それでもトンちゃんに
寄っていくたねお。
いい匂いとかするんで
しょうか

爪は出したことない。
えらい。
ふんわりとした力

ほんとはできる猫

猫が出入りするので
部屋のドアは基本 半開き
なのに人に開けさせる
シノさん
にぃぃーーん
開けてよぅ
ににーーん
開けてよぅ
ちょっと押せば
開くじゃん…
私は知っている
こそ…
人がいないときは普通に
自分で開けてることを
ぴょい
いたんなら
開けんか
にぃぃぃぃん
なんか怒られた

うちの猫がまた変なことしてる。

6

第2章

猫と四季

もぐっていたい夏

服にもぐりたい もぐりたい
やめて暑い
このニットにもぐればいいじゃない
シノさんにあげた飼い主の服
にん…
にぇぇ
にぇ…・
んいいいい
暑い!!!
でしょうね
結局 夏用の部屋着を1枚シノさんにあげて
ちょうどいい…
猫も衣替え完了

嬉し暑い

寝る前　トンちゃんが密着してきた
嬉しい…
ぺとり
しかし暑い
腹毛とお肉で保温力がすごい
もふぺとり
冷房つけよ
COOL & HAPPY
ピ
ひんやり
冷房は嫌い
プーイ

猫って選択肢間違えると
すぐ去っていきますよね

暑がりのトンちゃんが
夏にくっついてくるのは
けっこうレアなのだ
……

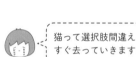

初秋の猫

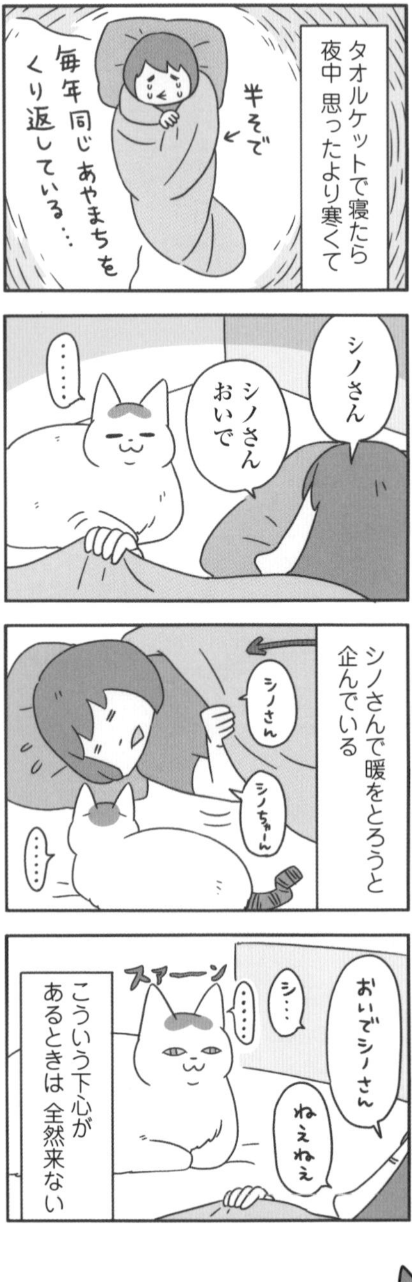

タオルケットで寝たら夜中 思ったより寒くて
半そで
毎年同じあやまちをくり返している…
シノさん
シノさん おいで
……
シノさんで暖をとろうと企んでいる
シノさん
シノちゃーん
……
おいでシノさん
シ…
……
スァーン
ねぇねぇ
こういう下心があるときは 全然来ない

ちょっと肌寒いときに半袖で猫をだっこするのが好きです

暑いときに くっついてきたりする
ぷいっ

ねこ歳時記 その1

春

暖房をまだつけておくか
迷っているうちに
春が終わってしまう

夏

涼しい廊下に
猫がポトポト
落ちている季節

油断ならぬ

さむい
にんに
さむい
にぇ
えー今日
そんな寒くない…
おわーーーッ
結膜炎
しょぼしょぼり
にーん
わあああぁ
あああぁ
目薬
あああぁ
床暖房
ON!!!
この部屋
暑くない⁉
いいんだ
これで…
いいんだ
プープー…
プルル…
あつい

時期的にまだ冬毛が完備できてなかったんだと思います。
気を つけねば

さすがに
暑い
さすがに暑いね…

寒暖差

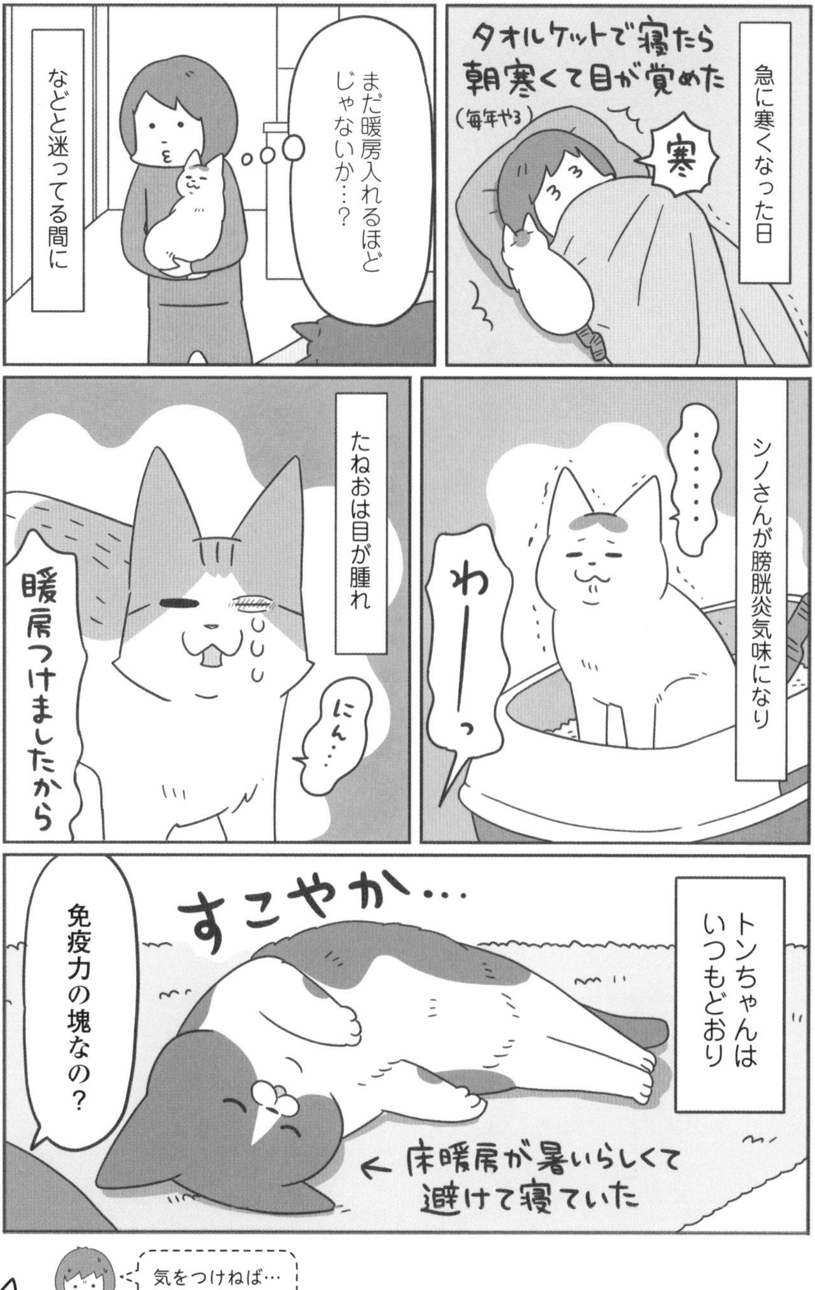

急に寒くなった日
寒
タオルケットで寝たら朝寒くて目が覚めた
(毎年やる)
まだ暖房入れるほどじゃないか…？
などと迷ってる間に
シノさんが膀胱炎気味になり
……
わーっ
たぬおは目が腫れ
暖房つけましたから
にん…
トンちゃんはいつもどおり
すこやか…
免疫力の塊なの？
← 床暖房が暑いらしくて避けて寝ていた

気をつけねば…

冬の魔物

冬の風物詩
服にもぐるシノさん
タイッ
タイツはさすがに
狭いと思うよ…
ギチ…
落ち着いてるのか
狭くて動けないのか
わからないな
ぎちにゃん
……
いあああぁぁ
にゃん
にゃん
にゃん
やっぱり
狭かった
ていうか
気持ち悪ッ

ギチギチじゃないか

かじりに来た
にーー
カオス。

よくばりウィンター

寒くなってくると
お湯を飲みたがる
トンちゃん
にゃ
にゃあ
はいはい
お湯ですよ
40℃くらい
いつから
そうなったのか
覚えてないけど
……
にゃう
お湯を飲むときに
なでなでを要求する
ゴロゴロ
ゴロゴロ
……
甘やかしすぎか…？
なで
なで
ごく
ごく
ごく

クリスマス漫画

シノサンタとトンナカイ

前回までのあらすじ
シノサンタたちに置いていかれたタウロス
追い回しタウロス
わーん怖い
肉を食べさせたら大人しくなった
モグ
モグ
モグ
モグ
ア…アリガ…ドゥ
スリ
スリリン
ヒイイ
なついてきた!!?
……しょうがないなぁ
ギュヌ…
ギュヌリ…
のど鳴らす音キモっ

クリスマス本番

メリークリ…
うわぁ
連結してる
トンナカイタウロス
スピードが1.5倍になるよ
昨日もらった手羽食べられちゃったよ
トンナカイめ
名前書いとけば食べないよ
手羽に？
はいこれはタウロスからプレゼント
ありがとう
やだ泣きそう
それではまた来年
ホウホウ
ヨロ
ヨロ
ガッ
歩きにくいんじゃん

そして1年後

メリークリスマス
未来から来た⁉
これから散歩行くんだけど…
そわそわ
かわいがってるねぇ
今年はタウロス連れて帰るよ
ホウホウ
イヤ
これを見たらタウロスを思い出してね
そっ…
手羽先じゃないか

ねこ歳時記 その2

秋

「スポーツの秋」も
動かない猫は動かないし
動く猫は一年中動いている

冬

暖をとるために普段より
猫がくっついてくる
嬉しい季節

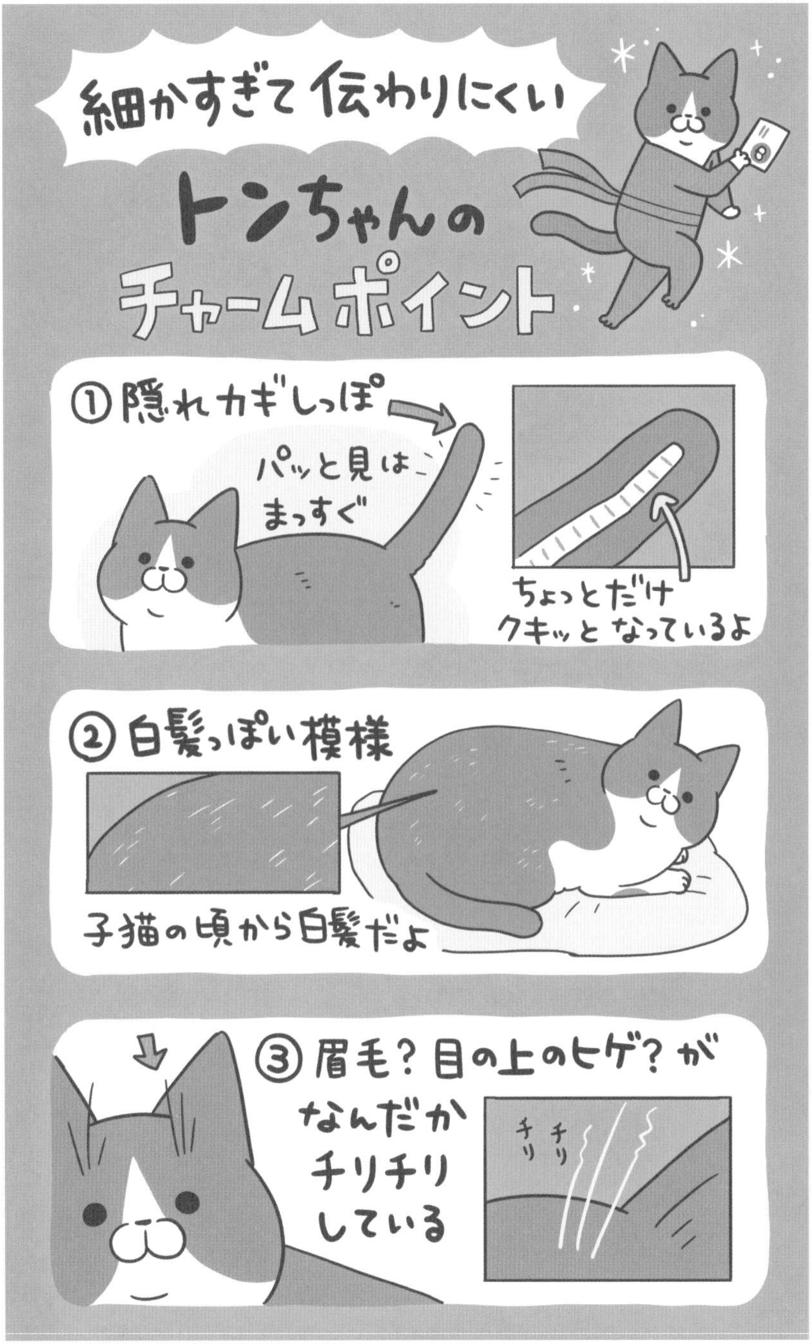
細かすぎて伝わりにくい
トンちゃんの
チャームポイント
① 隠れカギしっぽ
パッと見はまっすぐ
ちょっとだけ
クキッとなっているよ
② 白髪っぽい模様
子猫の頃から白髪だよ
③ 眉毛？目の上のヒゲ？が
なんだか
チリチリ
している
チリ
チリ

うちの猫がまた変なことしてる。 6

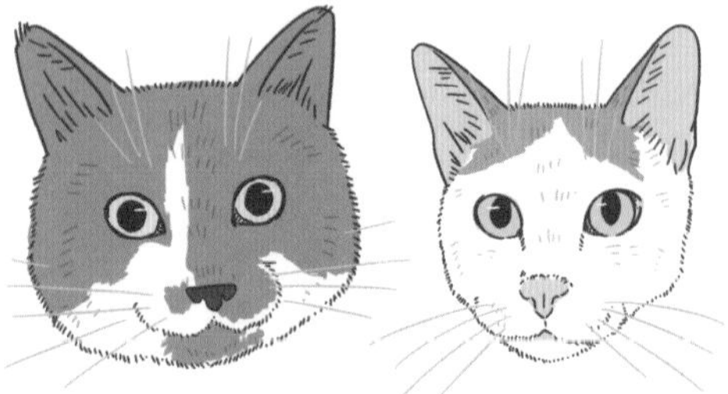

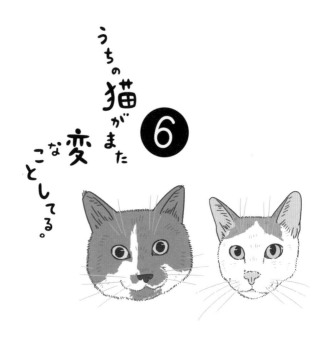

第3章 猫とモノ

反応

中にモーターが入っている

動くおもちゃを買ってみた
ビチ
ビチ
ビチ
……
トンちゃん目合わせて目
こわい
怖いかー
たねおは好奇心旺盛だから遊んでくれそう…
そー
ビビリン
ビチビチビチビチ
ぴぉあ
キモい!!
キモいかー
シノさんは大丈夫そうだ
……
ビチ
ビチ
ビチ
無視すやり
誰か遊んでよ
ビチ
ビチ
ビチ

見た目も動きもリアルで面白そうだったんですけどね…

「調子乗んな」

とっておいで
ボール
ボールを投げるフリをして
投げない遊び
ボール
ない…
ない…
投げてませんでした
よーし
もう1回
投げてない
……
かわいいからって連続でやってたら
もういいから
そういうの…
ごめん
信じてもらえなくなった

調子乗りました。
たねおは優しいのでまた
遊んでくれた

「ええー持ってんじゃーん」
って2度見するのが
かわいくて
つい…

ポンポン祭

カシ
カシ
カシ
カシ
チラ
チラ
シノさんが困っている
隙間にポンポン入っちゃったか
とってやろう
ごそり
なんかいっぱい出てきた
ばっちい…
こんなホコリまみれになって…
……
たたたたた
PARTY TIME!!!
あああああ

無礼講ならず

マタタビ入りのおもちゃ
マタタビ＝猫が酔っぱらうハーブ
NEW!
くん くん くん くん くん くん
ドルルルルルル
うえーーー へへへ
酔っぱらいに引くタイプ
よかった
普段は仲悪いトンちゃんとたねおが一緒に楽しんでる…！
うぇーーい
酔っ払っててもダメなものはダメ
近い
めんっ
あぁ

ノリで仲良くできるかなと思ったんですけどね…

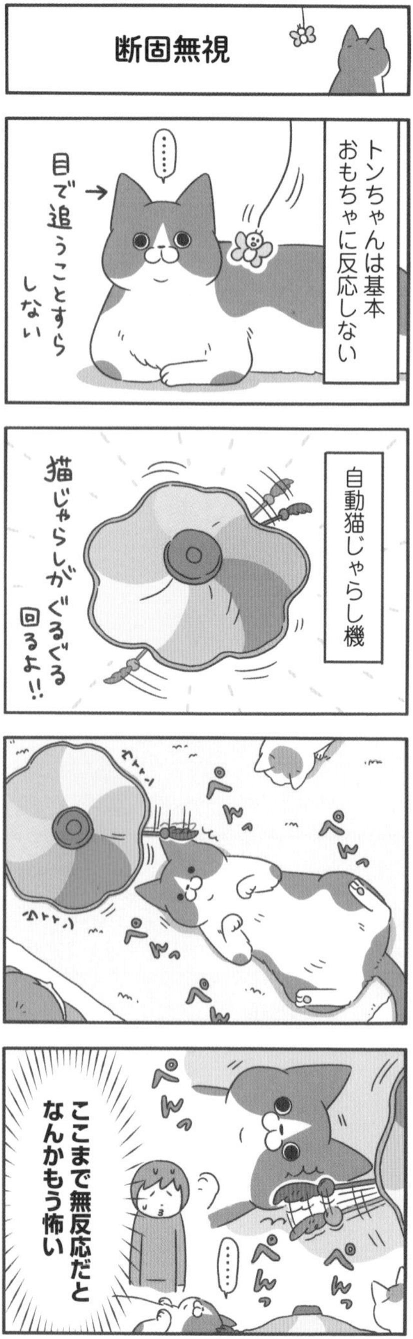
断固無視
トンちゃんは基本おもちゃに反応しない
……
目で追うことすらしない
自動猫じゃらし機
猫じゃらしがぐるぐる回るよ!!
ぺんっ
ぺんっ
ぺんっ
ぺんっ
ぺんっ
ここまで無反応だとなんかもう怖い
……
ぺんっ
ぺんっ

紙の下に隠れてから勢いよく飛び出す遊びはけっこう好きみたいです

昔はじゃれてた。
今でも半年に1回くらいじゃれます

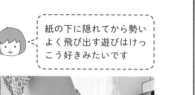

未知のものは怖い

最近 太ってきたので
家トレーニングしている
なぜかヨガマットを
恐れるトンちゃん
丸めてても
こわい
広げてても こわい
はぶぶ
はぶぶ
これは…猫なりの
克服方法なんだろうか
尻を
ちょん…
ドキドキ
……

基本初めて見るものは怖がるのですが、これは特に警戒していました。
今は慣れてマットの上で寝たりしています

10秒くらいで
逃げていく
……
ダダダダダ

なぜ忘れていたのか

寝室のドアに付けてる猫用の出入り口
ドアを開けなくても出入りできる
フタは外して使っている
のれん状
パタパタする
ポーイ
ピュゥ
寝室に冷気が入ってきて寒い…
フタ付けよ
なんで外してたんだっけ
ガチャガチャ
その夜
キィ
カタン
キィキィ
キィ
カタ
カタン
カタ
…そうだった
トンちゃんが夜中に延々イタズラするから外してたんだった
カタン
キィ
カタン
キィ
カタ
すぐ外した

私のです

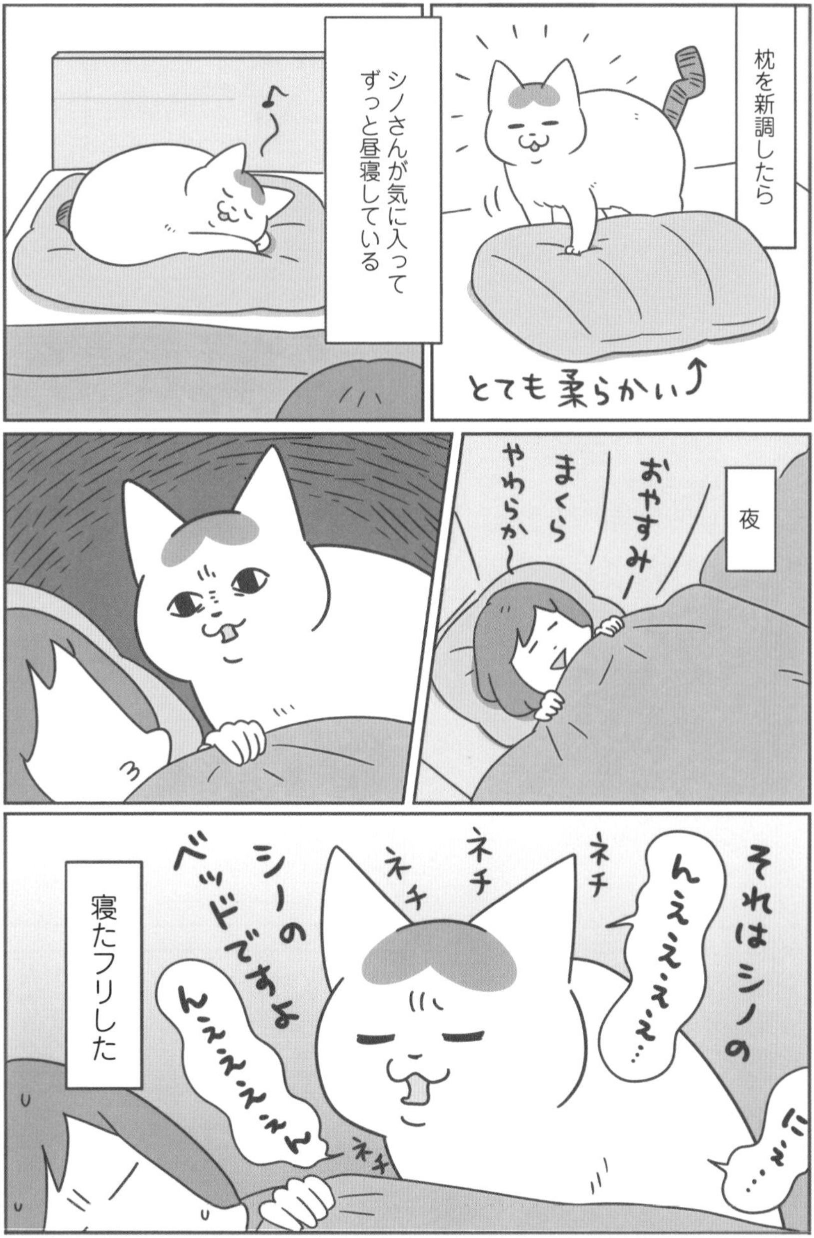
枕を新調したら
とても柔らかい↑
シノさんが気に入って
ずっと昼寝している
夜
おやすみー
まくら
やわらか〜
それはシノの
んええ・え・え…
ネチ
ネチ
ネチ
シーの
ベッドですよ
んえ・え・え・え・えん
ネチ
に・ゃ…
寝たフリした

君が箱じゃなくなっても

たねおが大変気に入ったダンボール箱
ちょっと浅め
ありそうで あんまり無い サイズ感
かれこれ3ヶ月ほど愛されている箱は
シノさんと よく 取り合っていた
現在バラッバラ
バラ…
たねちゃん それ もう展開図よ
捨てない？
変わらぬ愛
ねぇ

バラバラじゃんよ

シノさんは
こいつ もう 箱じゃない
とうすうす気付いてる

目撃談
ちなみにこの箱をバラバラにしたのは
みちっ…
トンちゃんも入ってる
……
ぐりっ
狭い
ぐりっ
バリャーン
この猫です
メリ
メリ
メリ…
私見てました

バラバラにした後も少しずつ齧って破壊してました

隙あらばやられるやつ

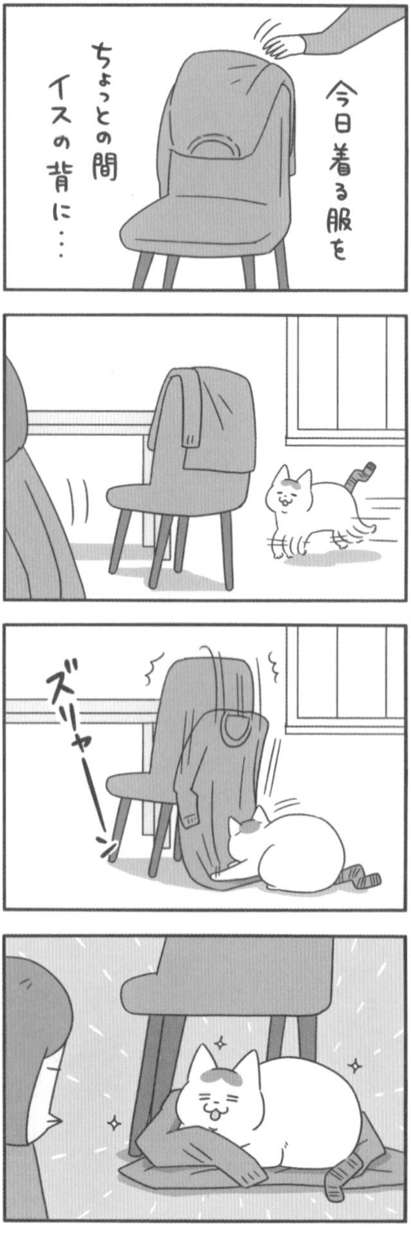
今日着る服を
ちょっとの間
イスの背に…
ズリャーン

すぐ来てすぐやる

最悪の場合
バリバリ
バリバリ
うわーーー

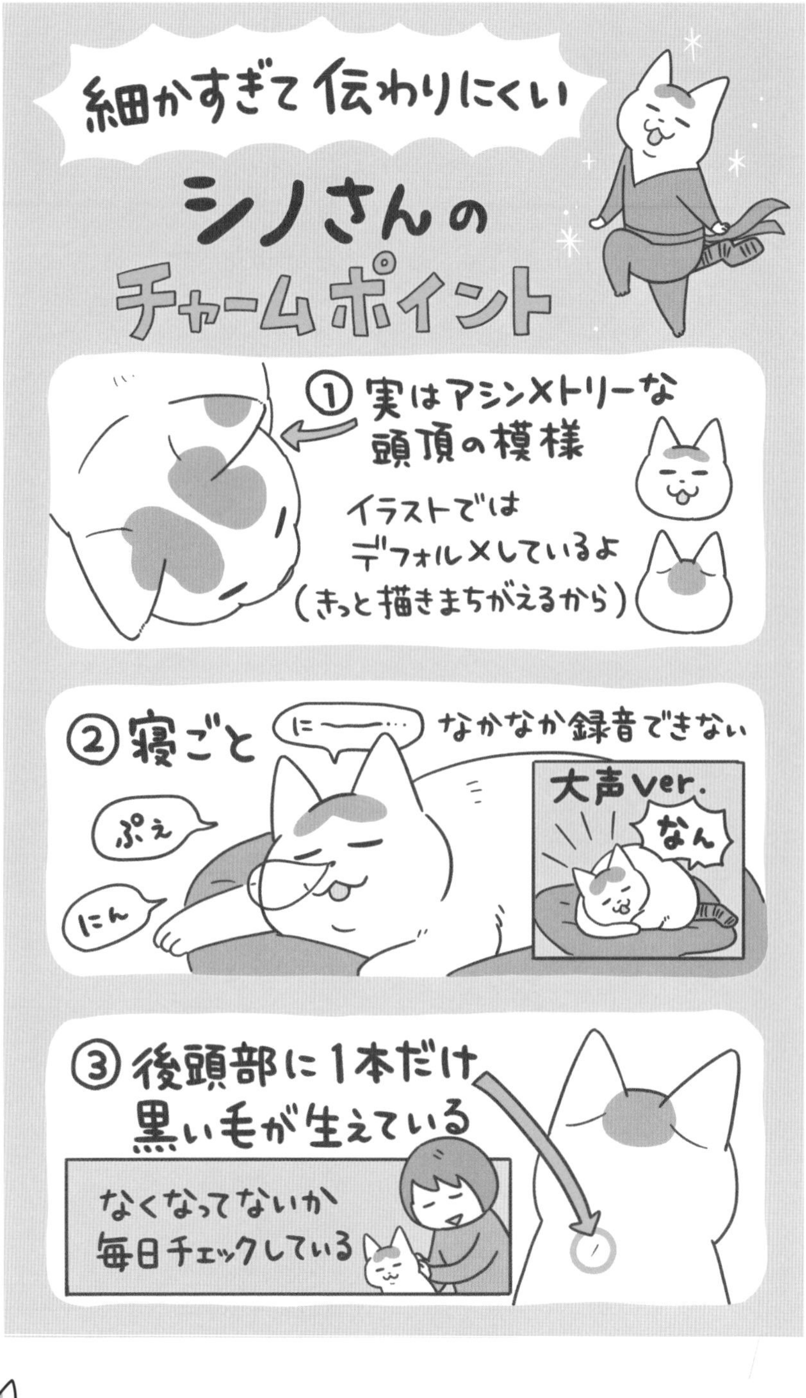
細かすぎて伝わりにくい
シノさんの
チャームポイント
① 実はアシンメトリーな頭頂の模様
イラストではデフォルメしているよ
（きっと描きまちがえるから）
② 寝ごと
に———…
なかなか録音できない
ぷぇ
にん
大声ver.
なん
③ 後頭部に1本だけ黒い毛が生えている
なくなってないか毎日チェックしている

うちの猫がまた変なことしてる。

6

第4章

猫とゴハン

飼い主ちょろい

に～ん
に～ん
シノさん
お腹へったのか
カラ
カラ
ちょっとだけ
あげよう
トンちゃんには内緒だぞ
……
さあお食べ
……
去….
……
えっ？
来…
当たり前のように
ムシャ
ポリ
ムシャ
ポリ
は？
この連携プレイ詐欺に
毎日のように
ひっかかっている

序列

3匹の猫との暮らしで気をつけているのが
先住猫のトンちゃんをなんでも一番にすること
エサの皿を出す順番
1
声がけ
トンちゃん
シノさん
なでる順番
2
3
ブラッシング
あ
先日うっかりしてシノさんのエサを先に出してしまったら
ごめん
プ
顔面で猛抗議された

しらじらシノ

シノさんはたまに
たねおの部屋に遊びに来る
カシ
カシ
カシ
カシ
カシ
に～～ん
たねおは この部屋で
寝たり食べたりしてる
このとき
おーい
たねお～
カラス見ようぜ～
みたいな顔で入ってくるけど
ええ～ こんなところに
ごはんが!?
じゃあ いっちょ
いただき
ますね!!
…ダメだよ
真の目的はつまみ食いだ

ササミの乱

おやつ
ひゃっほう
ゆでササミ
圧がすごい
フン フン フン フン フン フン
後輩たちが食べられないでしょうが
距離をとって見守る後輩
……
……
フン フン フン フーン
ごめんだけどそっちに投げるから食べておくれ
ムシャムシャムシャァン
ポト
全部持ってく
こら――――!!!!
ズサアアア

イライラされた

夜ごはんが お刺身の日
おさしみですねぇ
圧すごいね
ちょっとだけ あげるよ
ちょっとよ
……
もたもた
トロい
ぺぺぺぺーん
えっ 叩いた?
叩いてないですよ
叩いたね?
早くよこしなさいよ

シノさんはたまに厳しい

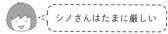

信じてほしい

トンちゃんと暮らして早7年くらい
初期のトンちゃん
頭上に手をもってくるな!!!
ゴミ付いてるよ
かなり信頼関係を築けているように思う
ゴロ…
ゴロ…
目元を拭いてもビビらなくなった
先日
ササミ美味しいかいトンちゃん
ムシャ
ムシャ
……
……
ササミ
ポイ
急いで
ムシャ
ムシャ
チラ
ムシャ
ムシャ
チラ
チラ
エサ横取りする奴って思われてる?

抵抗なし

シノさんは食に関して好奇心が強いのか
キャットフード以外の食べ物も欲しがります
ちょうだい
にえええええん
ちょうだい
パン
OCHA
あげない
先日シノさんが膀胱炎になってしまって病院で薬をもらった
シロップタイプ
ちゅーる混ぜたほうがいいかな?
うまい!!
まさかの大好評
……
おかわり!!!!
にいいいいん
おかわりないよ…
無事に回復した

伝える猫

シノさんが膀胱炎になったときの様子
ニャアァア
ビク
何よーー
見てて
ザッ
ザッ
ザッ
出ない…
……
自分の不調しっかり伝えられて偉い
病院行こね
いやああぁあ
おしっこ出ない!!!

絶対にカロリー摂取したいキャット

意外と長かった

台所
ドキー
あっゴミ漁ったらダメだよ
ピャーー
手の届くところにゴミの袋置いてたわ
私のミスです
ササミの空き袋が入ってたんだ
ドライササミ
あー
あー
あー
あ
あ
……
シノさんはその日信じられないほど静かに静かに過ごし
しん
夜ごはんの頃に元に戻った
エィヤァアァアァァア
シノさんの自粛期間は約10時間

すごい気にしちゃってた。ごめん

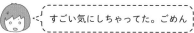

期待と落胆と圧

勝手に期待して駆け寄ってきたあとの
おやつですね!!
ガサガサ
ビャン
切り干し大根
おやつじゃないよ
一瞬目が死ぬ↓
切り干し大根
がっかり顔
こっちは悪くないはずなのに…
なんだ…この罪悪感は…ッ
しゅしゅしゅん

「なんで嘘ついたの？」
みたいな顔されて辛い

ちなみにおやつはさっき食べている
便乗→
う――ん

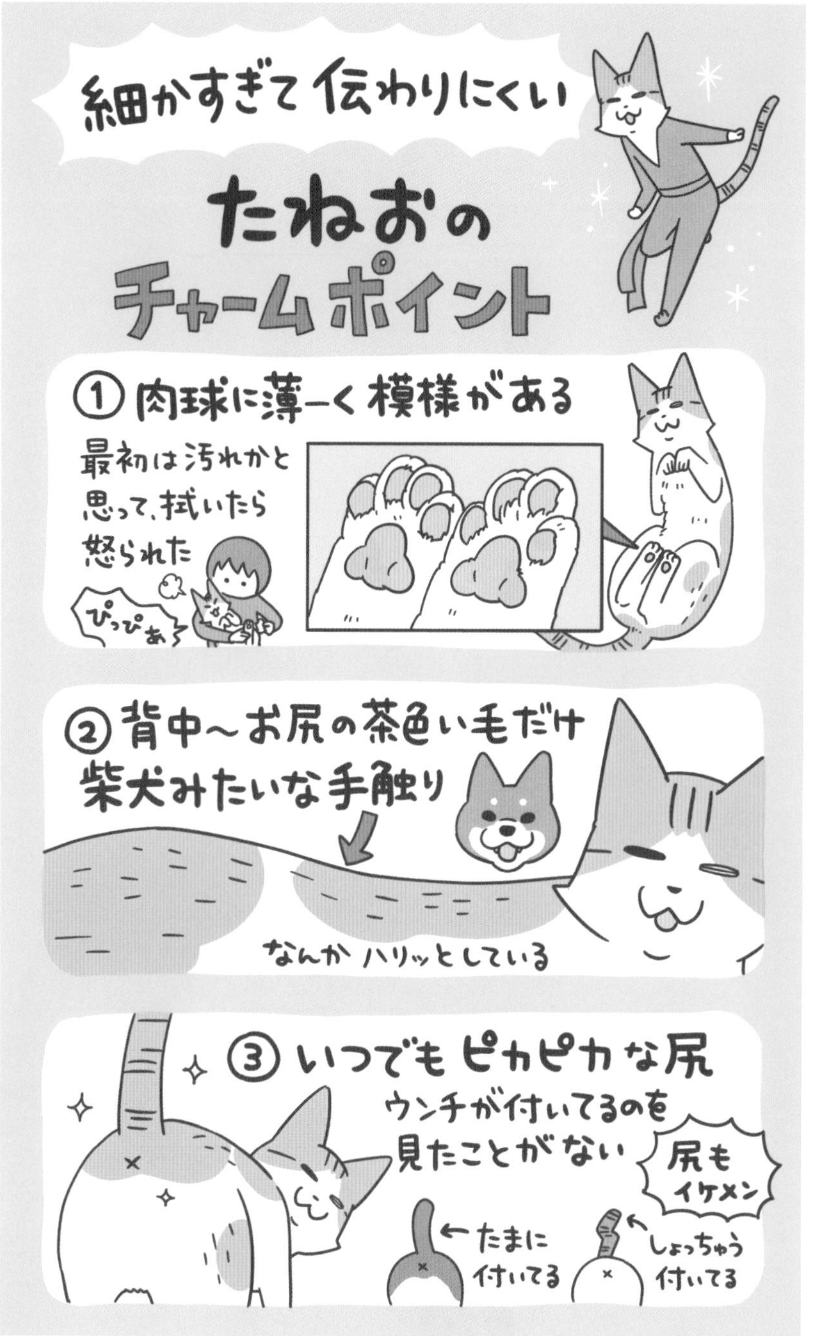
細かすぎて伝わりにくい
たねおのチャームポイント
① 肉球に薄ーく模様がある
最初は汚れかと
思って、拭いたら
怒られた
ぴっぴあ～
② 背中～お尻の茶色い毛だけ
柴犬みたいな手触り
なんか ハリッとしている
③ いつでもピカピカな尻
ウンチが付いてるのを
見たことがない
尻も
イケメン
←たまに
付いてる
しょっちゅう
付いてる

うちの猫がまた変なことしてる。

6

第5章

猫のお世話

ちょっと心強い

シノさんは家ではうるさいけど
おにゃー
にゃあああ
にゃあああああん
出発
にぇえええええ
動物病院
とうちゃく
にぇ…
動物病院では無言
今日はワクチンですねー
……
黙っ…
先日 たねおも一緒に来たとき
先に終わって待機
ぷすり
?
あ鳴いた
……
いい〜〜〜〜ん
めずらし
む〜〜ぅ
むぇえん
むいいいい
仲間《たねお》がいるといつもの調子に…

埋め魔

トイレの清潔を絶対に守りたい男 たねお
うおおおん
ウンチしました――
片づけてくださーい
他の猫のウンチも許さない
キィ
キィヤ
ウンチがあります
ここにウンチが
はいはい 只今
片づけますよう
……
ちょっと待って
たねお的には
私ウンチなの？

似たようなもんですけども

でも エサも たまに
埋めようとするから
ギリ「エサ認定」かも
エサに不満があるときに やる

吸収効率

それぞれ体型が違う
トンシノ　たねお
ガチムチ
細マッチョ
モチモチ
ウンチもそれぞれ違う
たねお
でかい
長い
とても大きいウンチ
シノさん
ふつう
意外性のないウンチ
意外にも一番ウンチが小さいのはトンちゃん
トンちゃん
なんかカスカス
出がらしのようなウンチ
体は一番大きい
ボリボリボリボリ
栄養を無駄なく吸収しているから…？
燃費抜群猫

トンちゃんは便秘気味みたいなので日々お腹を揉んでいます

おしっこ量は
トンちゃんが一番
ぐびぐび
ぐびぐび

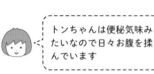

ウンソム

猫によって特徴が違うウンチ
パスパスしているウンチ
普通のウンチ
ストロングなウンチ
これはたねおのウンチ
全く埋めていない…これはトンちゃんのウンチ
完璧な見分けだね
すごいや
ふふーん
ウンチソムリエだからね!!
何そのイヤなソムリエ…

やり場なき

ここ数ヶ月
目薬治療中の たねお
ポチ
嫌がるけど 大人しい
毎日すまんね
ふき ふき
んぴぁ・・・・
・・・・・・
ある日
たねちゃん何してんの？
ぴぴ
なんでもねぇよ
ティッシュめちゃくちゃ逆恨みされてる
ズタボロにされた ティッシュ

信じられない

キュルリン
…信じられないなぁ
こんなにかわいい顔で
……
こんなにクサい
ウンチ出る？
キュルリラ
ウンチハイ後
この顔になる

ウンチハイとは
猫がウンチしたとき
ハイテンションになる
謎行動です

毎日ウンチしてるんだから
そろそろ慣れてほしい

ダダダダダダ
ギャリ
ギャリ
ギャリ

ねぎらう猫

猫トイレの掃除
すんげー 砂とばすよね
サッ
サッ
おうおう
トイレきれいに
してくれてんのか
ありがと♡
ゴロニャンッ
ザババ
ありがとな
ゴロゴロゴロゴロゴロ
うん…
あっち
行ってて…
やめん…

横にそっと座って見守ってくれたりもします。優しい

ついでに
モフってもらおうか
ゴロリ
あっち
行ってて

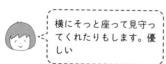

トンちゃんが変なことしてる。

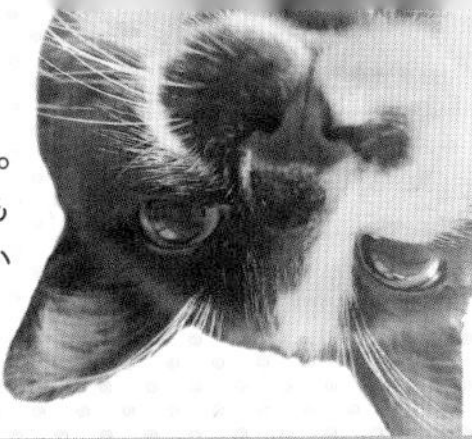

寝ぼけている顔。
なんとも
味わい深い

猫おもちゃに
そっと手を添えて寝る

なんか はみ出てない？落ちない？

実はすごい筋肉使ってない？

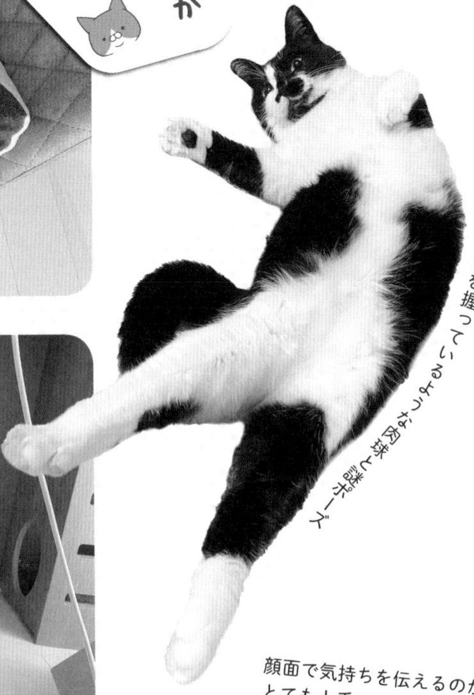

おはぎを握っているような肉球と謎ポーズ

動く魚のぬいぐるみと
絶対に目を合わせないトンちゃん

顔面で気持ちを伝えるのが
とても上手い

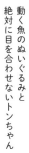

AM 5：00
朝まで作業した日
チュン
チュン
終わったー
ああトンちゃん
ウンチしてる
プリ
プリ
プリ
プリ
ウンチ片付けたら寝よ…
ザバッ
モパマン
ウンチのキレが
悪かったらしい
ズリ
ズリ
ズリ
ズリ
うわあああぁ
床にウンチ
なすりつけ
お尻歩きだ
初めて見た

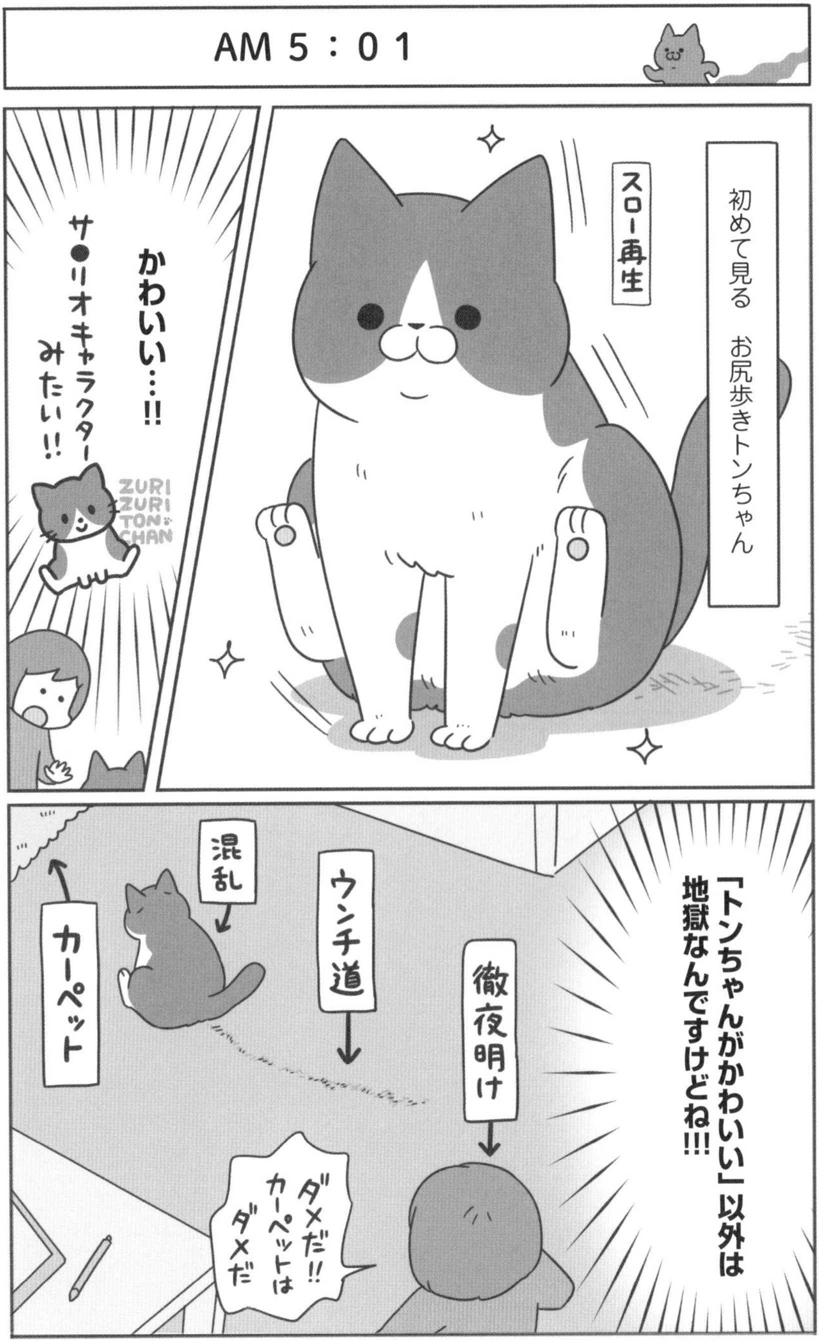
AM 5：01
初めて見る　お尻歩きトンちゃん
スロー再生
かわいい…!!
サ●リオキャラクターみたい!!
ZURI ZURI TON CHAN
「トンちゃんがかわいい」以外は地獄なんですけどね!!!
徹夜明け
ウンチ道
混乱
カーペット
ダメだ!! カーペットはダメだ

カーペットはなんとか無事でした

逃げかた雑

うと うと
シノさん寝る前に歯磨きするよ
やーーん
ストトトトトト
パタリ
50cm移動
うと うと…
シノさん歯磨き…
やーーん
ストトトトトト
パタリ
50cm移動
もうちょっとまじめに逃げなさいよ
歯磨きしました
ごめんねー
やーーん

右目NG

たねおはここ半年くらい毎日左目に目薬をさしている
左目だけ涙が出ちゃう
もう慣れたもので無駄に抵抗しない
えらい。
ポチ
ぷぷいやん…
↑文句は言う
今日は右目もちょっと腫れてるね
こっちも目薬しとこ
ポチ
!!!
右目は聞いてないぞッ!!!
ぷりきゅあ
怒られた

涙は現在治っています

トンちゃんの健康①

トンちゃんは
体が強いなぁ
と　いつも褒めたたえて
いたのですが
そんなトンちゃんが
先日お腹をこわしました
なんと食欲がない
いらない
あれ?と思っているうちに
えっ
えっ
何回も吐いて　ウンチも
漏らしてしまいました
こんなに体調が悪そうな
トンちゃんを見るのは初めてで
落ちつかねば
落ちつかねば
吐いたもの撮っとく
泣かない
泣かない
どうぶつ病
情けない話ですが
かなり動揺していました
←泣いてる

トンちゃんの健康②

胃腸炎ですね
描くの難しいヘアスタイルになった
血液検査
問題なし
レントゲン撮影
誤飲の可能性(低)
死んじゃわないですか!?
大丈夫です
死んじゃわないです
薬飲んで様子を見ましょう
ひとまず命に別条はなくてよかった
薬を飲むのも数年ぶりのトンちゃん
トンちゃんは顔面で抗議したあと
やめてよ
んんんんん
やめてよ
聞いたことない声で鳴いた
ぎぃいいぃ…
やめんよっ
代わって
あげたぁい

トンちゃんの健康③　シノさんへの影響

トンちゃんの投薬シーンを見ていたシノさんが
やめてあげて
にゃぁ
やめてあげて
にゃあぁ
ギィィィイ
食欲不振になって吐いてしまった
うえ
伝染するやつ!?
病院に駆け込むも
特に異常なし
大人なので今回は泣くのこらえた
診察の結果…
トンちゃんの投薬目撃
←ショックをうける
←ごはん食べられない
←空腹でおう吐
という可能性大
実際トンちゃんの投薬を見せないようにしたらすぐ回復しました
投薬中
シノさんへの配慮が足りていなかったのだ
激烈に反省
たねおは いつも通りでした

トンちゃんの健康④　その後

トンちゃんの体調不良から数ヶ月後
ごく ごく
ごく ごく
ごく ごく
ごく ごく
ごく ごく
…水飲む量…いつもより多い!?
トンちゃんだっていつまでも丈夫で元気なわけないのだ
もう8歳なんだ
油断大敵なのだ
どうぶつ病院
診察してもらった
シャー
動物の健康に関してあまり断言とかしないんですけど…
あとトンちゃん こんなに丸かったですかね？
毛です
今のトンちゃんは何の心配もありませんよ
血液検査もなーんにも問題なし
絶対健康
うわー強いー!! 油断してしまいそう!!

※猫が水をたくさん飲むときは病気が原因の場合もあるそうです

私が過度に心配していたのを安心させるためにこう言ってくれたんだと思います。その日は新しいフードを食べさせたので、それがしょっぱかった説が濃厚です。油断しません！

うちの猫がまた変なことしてる。 6

第6章 なごむ猫ぐらし

いつだって撮りたい

ついスマホ見ちゃうな…
ちょっとスマホと距離をおこう
キッチンに置く
1時間後
LOVE & PEACE…
猫がかわいい
写真撮る
スマホスマホ
ボカ
スカ
飼い主は決意した
……
ギュッ…
もう二度とスマホを肌身離さない　と

リモートと猫

シノさんは かわいい
かわいいけど 人見知りなので
人に伝わりにくいのが いつも残念だった
来客時の シノさん
……
お客さん
リモート会話では警戒しないので ぐいぐい見てもらっている
だっこしろ
にゃーす
見て シノさん
見て
ぐい
ぐい
ありがとうリモート 付き合わせてごめん みんな

隙あらば見せます

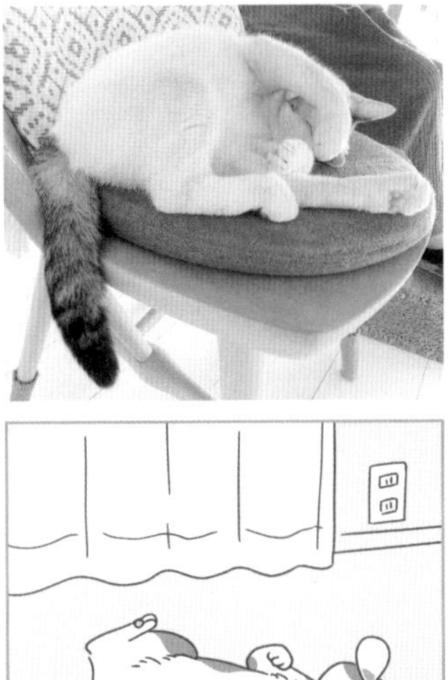

トンちゃんはリモートとか
関係なく寝てる

ここぞとばかりに

フロアワイパー
ボンヨ
あっ
ごめん トンちゃん
痛かった!!
めぅっ
……
はぁ
痛かった 痛かった…
「ごめん」では済まされんぞ
ごはん皿
誠意を見せんかい
誠意を
そんな強くぶつかってないじゃん
オヤツ5粒で許してもらった

ミッションインポッシブル

夫 リモート会議中
カメラはOFF
邪魔しないように静かに猫のお世話
忍…
たねおの水替え&おやつ
こんなときに限って絡んでくる たねお
へいへいへいへいへい
ちょっ…あぶな…
ぶみぃ
ギャッ
ギャア
ごめん
……大丈夫？
たぶん はい…
ごめんなさぁい
任務失敗

大変失礼いたしました

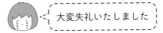

ヒマそうに見えるのかもしれない

作業の合間にスクワットをする
また やってる
またか
やめてくださーい
珍妙な動きしないでくださーい
ニャアアアア
ちょっ…
あぶな…
そんなことより尻をポンポンしてくださーい
なでてくださーい
何かくださーい
やいの
やいの
私は… 私は ただ
健康になりたいだけなのに…

大丈夫な人

たねおは夫が好き
スリリリリリ
基本 そばにいる
仕事する夫を見つめるたねお
ニヤマト
夫は たねおに嫌なことをしない
たねお
たねおは信じている
たね
たねお
ダメ
だから叱られても全く動じない
たねお！そこ乗ったらダメなところ
降り…
ニョ
ニョ
ぜんぜん聞かん
乗ってはいけないカウンター
私が注意すると秒で逃走する
バッ
タン
ピイイア
たぶん捨てぜリフ
ダッ

肉が多かった

たねおと仲良しの夫が
OTTO
いない
いない
ぴ
キュ
丸一日不在だったとき
夫の仕事部屋
ぴっぴ
さみしがっている…
明日帰ってくるよ
……
ちゃーー…!
!!
夫の膝にしか乗らなかったたねおが初めて私の膝に…!
身代わりでもめちゃくちゃ嬉しい
なんか…
なんかブヨブヨしてる……
ブヨ
ブヨ
これじゃない!!
ぴぴぃあ
ダッ
そんな
代打失敗

鼻息合戦

早朝
みええええぇぇ
もうちょっと寝ようよ…
ふん ふん ふん ふん ふん ふん ふーん
やめて 鼻息かけるのやめて
やり返してみた
ふーーーん
チラ…
うわぁ 鼻息かけてきた
うわぁ
ドン引き
なんか納得いかない

格差

夫にだっこされて上機嫌のたねお
バルログ〜
バルログ〜
ギリリリィ…
とても羨ましい
便乗

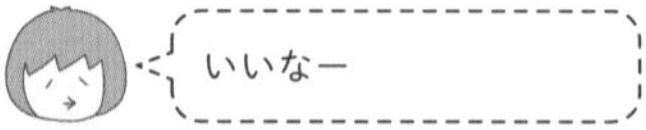
いいなー

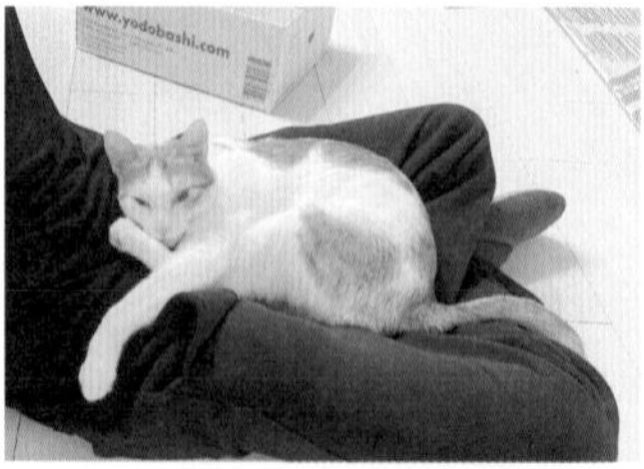
www.yodobashi.com

でも最近わりと
うちとけてる。
はず。
ニコッと
してくれるし。

徹底抗議

就寝前
ギャダダダ
ニャアアアアア
なんで こんなことに
なっているかというと
バッ
ザッ
ぐぇー
ズン
ズドドドドド
日中 掃除のついでに
寝室の配置を変えたせいです
BEFORE
棚
マド
AFTER
棚
マド
ナワバリが
荒らされて
いる!!!
ミャー

だっこが好き

だっこ大好き猫シノさん
かわいいけど
両手がふさがる
だっこ袋を使ってみるも
布製→
ずしり
腰痛ーい
ある日なんとなくだっこ袋を椅子にひっかけてみた
すや…
あっ
入って寝てる
なーんだ
包まれてればだっこじゃなくてもよかったんじゃーん
私のだっこじゃなくても…よかったんじゃん
スヤープ
それはそれで寂しい

延長線上

毛づくろいのとき
ぺろ
ぺろ
ぺろ
ついでに舐める
にょほほほ
ぺろ
ぺろ
寝ぼけてると
ぺろ
ぺろ
ぺろ
たまにカーペットも舐めてる
ショリ
ショリ
ショリ
ショリ

シノさんは毛づくろいしてるトンちゃんに寄っていって舐めてもらったりもします

そして
カーペットじゃん
わぷあ
てって なってる

洗い上がりサッパリとは

洗顔中
にゃーす
だっこ
今だっこ無理
ビチョビチョだぞ
洗顔
タオルに肛門を乗せるな
ペーロ
ペロペロペロ
ペロペロ
舐めないの!! 舐めないよシノさん
クリーム
よーし洗顔終了したぞ
毛っ・・・
直後から毛まみれ

「見たらわかるよね？」って状況でも猫ってかまわず絡んできますよね

顔に付いた猫毛を毛取りテープで取ってたら
おろかなり
案の上肌荒れしたよね

お刺身をくれと叫んでいる

仕事中。だっこ袋は両手が空くので便利

とても嬉しそうで嬉しい

シノさんが変なことしてる。

かわいいので気が散る

出来心でかぶせてみたら
ゴロゴロいっていた

偉い猫っぽい
シノさん

気に入っている柔らかい枕

猫むかしばなし

猫と浦島太郎

出てるじゃん

フリです

お客さんがおいでなすった
鯛やヒラメと踊り明かそう
乙姫↓
RYUGU
召し上がれ
さっきの鯛やヒラメです
食べづらいなぁ
そろそろ帰ります
ありがとう
じゃあお土産に玉手箱あげるね
あげるけど開けないでね
絶対に！
開けないでね!?
それフリ？

生きていける

竜宮城から帰ったら700年くらい経っていました
うわー最悪
あけないでね!!
もう嫌
玉手箱開けちゃう
←2段目
TAMATE BAKO
めでたし。

猫童話

味わい深いアヒルの子

アンチVSファン

あるところに
味わい深いルックスの
アヒルの子がいました
ムシャ
ムシャ
なんだこいつ
ボケー
なんて醜い
アヒルだ
つーかアヒル
じゃないだろ
ガァ
ピィ
ガァ
ピィ
は？
かわいい
でしょうが
ガァガァ
絶世の美アヒルだろ
よく見ろ
君たちの
その排他的思考が
争いを生むんだぞ
味わい深いアヒルの子には
熱烈なファンがいました

見慣れたら かわいい

それでもアヒルたちは攻撃を続けました
くらえ
フォン
なんでよけれるんだよ
ムカつくぜ…
ふみ
ふみ
のんきに昼寝を始めるぞ
もい
もい
もい
……
かわいいな…?
アヒルたちは理解しました

受容

お前って意外と白鳥の子だったりして
ムシャ
ムシャ
それはないだろ…
肉食べてるし
やがて春が来てアヒルたちは大人になりました
味わい深いアヒルの子も…
ブワサー
結局何なの
何かはわからないけどやはり味わい深いのでした
めでたし。

うちの猫がまた変なことしてる。

6

第7章 猫と未知との遭遇

犬との遭遇①

夫の実家の犬を1日だけ預かった
こんにちは イヌコ(仮)です
とても かわいい
イヌコ(仮)は里親募集で引き取った犬で
元の家では猫と一緒に飼われていたらしい
義実家
じゃあ猫との付き合いも心得てるのかな
ガラス越しに対面してみる
あらっ
猫ちゃん!!
猫ちゃんだ わー猫ちゃん!!!
ぴ
ぴー
ぴー
カチャ
カチャ
カチャ
無理だった

犬との遭遇②

犬と遭遇したトンシノ
ごめんね
こっちには犬入らせないからね
卵山家のボス猫であるトンちゃんは
こそ
こそ
シノさんの背後に隠れてから
ボス…
高いところに避難
こそ
こそ
ボスー
一方シノさん
のんのん
のんのんのんのん…
意外と闘る気だった
なんじゃあいつ
のんのん
のんのんわ
やってやんよ
ごめん…
威嚇ポーズかわい…

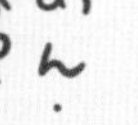
怖がらせてしまって反省

犬との遭遇③

イヌコを散歩に連れていく
散歩が苦手なので
ハーネス付けると この顔
歩いてくれるかな…
ウンチ出るまで頑張っておくれ
ちょかちょか
ちょかちょか
意外と歩く！
ただいまー
イヌコそこ知らない家だよ
待ちなさい
ここは？
そこもよその家
ニオイでわかるでしょー
…自分の家探してるのかな
キョロキョロ
結局このときウンチは出なかった

犬との遭遇④

(イメージ)

向こうから犬が…
モコ
モコ
モコ
モコ
こんばんはー
こ
こんばんはー
ワンちゃん何歳ですかー?
えーと
何歳だっけ
知らない人と道端で挨拶…!
犬連れてなかったら無理なやつだ
(陰の者)
犬見たら全然挨拶してなかった
しないんだ!?
ムシーン
……
……

猫にはあんなに興味示してたのに

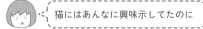

ウーパールーパーの予習①

ウーパールーパーを飼うことになった
正式名称はメキシコサンショウウオ
「メキシコサラマンダー」とか「アホロートル」とも呼ばれているよ
ウーパーが来る前に飼い方調べとこ
なんとなく手軽なイメージ
ウーパールーパーを飼うときの注意
水温が高すぎると弱る（25℃以下キープ）
水温が不安定だと弱る
水が汚いと弱る
胃腸が弱いからエサのあげすぎに注意！
でも食いしん坊だよ!!
砂利は誤飲のキケンがあるから水槽には敷かない
ストレスで死んだりする

ウーパールーパーの予習②

強いんだか弱いんだか

両生類と1分で判断する猫

ウーパールーパーを飼い始めた
名前は「ウキジマ」
略してウーちゃん
猫とうまく共存できるかな…
シノさんの反応
ず――っと見てる
じっ…
たねおの反応
シノさんが見てるから気になる
?
トンちゃんの反応
ちら
……
ピピピ
ごはんではない
キケン物ではない
ピピピ
水こわい
判定
どうでもいい
寝…
無駄がないねぇ

未知すぎて検索魔

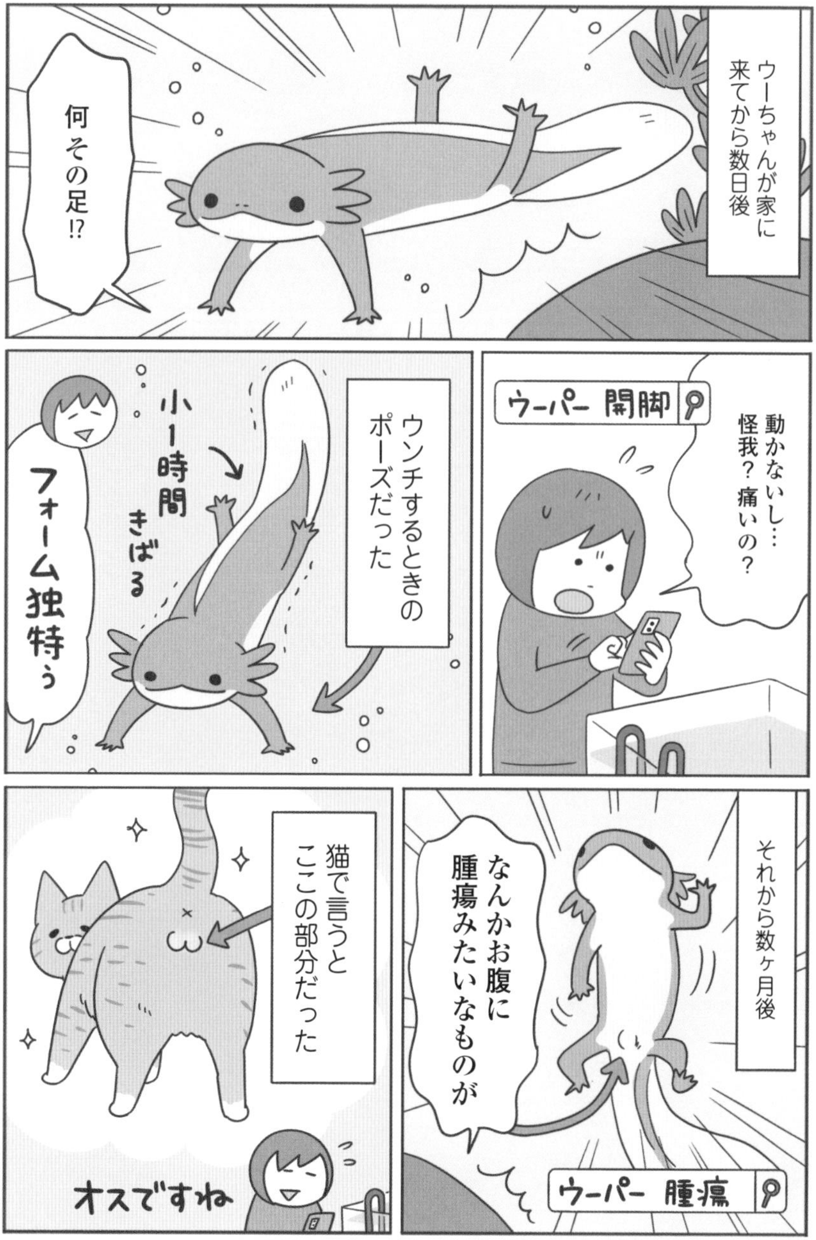

ウーちゃんが家に来てから数日後
何その足!?
ウーパー 開脚
動かないし…怪我？痛いの？
ウンチするときのポーズだった
小1時間きばる
フォーム独特ぅ
それから数ヶ月後
なんかお腹に腫瘍みたいなものが
ウーパー 腫瘍
猫で言うとここの部分だった
オスですね

共通点

ウーちゃんは静かに暮らしている
ボ
あまり動かない
エサのときは素早く動く
シバッ
基本いつも食べ物を期待している
エサすか？
違うよ
なんか…誰かに似ている…
ボンヤリ…

ウーちゃんの視力

ウーパールーパーは視力が低い
エサは主に嗅覚を使って探す
飼い主のことは
食べものが降ってくる前に現れる大きい影
くらいにしか認識してなさそう
動体視力はいいらしいんだけど…
エサ!!
パク
パク
キャッチ下手…
やはり誰かに似ている
パク
パク

ウーちゃんの視力としっぽ

あ？ なんか視界に
チラチラ…
きっと食べもの
パク
ぐるぐるくる
しっぽ追いかける犬みたいになってる
次の日
食べちゃったんだ…
食べましたけど？
3週間くらいで再生した

ほんとに再生した…

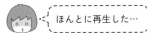

ごはんの気配

ウーちゃんは なかなか食いしん坊
エサをもらうときだけ めっちゃ動く
うぱぱぱぱ
ウーちゃん エサですよ
ガサ ガサ
ウーパーフード
ごはんですね!!!
ニャアアアアア
ちがいまあす
自分たちのエサだと思って 猫が はりきる
猫が食事するとき
うぱぱぱぱぱ
ぱぱぱ
逆も また然り

家に来た日のウーちゃん。体長 8cm くらい

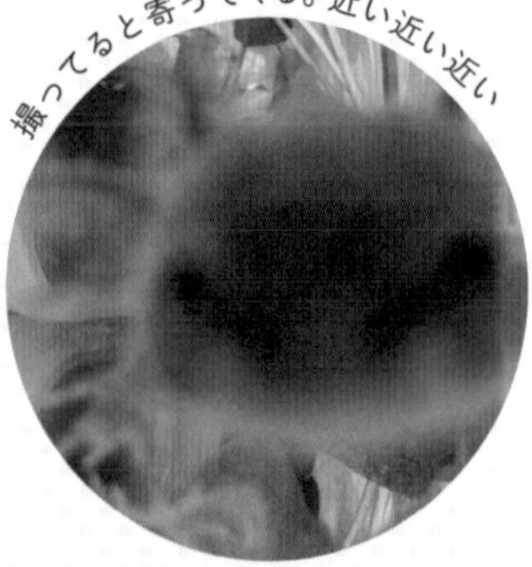

撮ってると寄ってくる。近い近い近い

水草を入れすぎていた頃

両生類を飼うのは初めてだけどかわいいです

ウーちゃんが変なことしてる。

ウンチするときのポーズ

基本あんまり動かないでボーッとしている

第8章

猫飼い冥利

ほまれ

猫がついてくる
にゃあん
にゃおん
はーいそがしいそがし
だっこ
にゃあああ
だっこ
だっこしてほしくて一生懸命ついてくる
ふと思う
だっこしませ…
私にだっこされたいとこんなにも望む者がそうそういるだろうか?
だっこしてやろう
だっこしてやろう
いない
ギュワン
だっこします

絶対に爪切られたくない猫

30秒くらいなら
だっこさせてくれるように
なったトンちゃん
足がビーンてなる↓
昔はだっこNG
ぷ
まんざらでもない↓
ゴロ…
ゴロプ…
ゴロ…
ハッ…
この体勢…もしや
爪切りをされるのでは？
ぷ
ぷ…
ゴロ…
ぷ…
ゴロ…
ゴ…
ぷ
ゴロ…
ぷぷ…
葛藤するゴロゴロ

急にIQ低くなる猫

猫の えずく声
かはっ……
こっ……
誰か吐きそう?
すザー
けはっ……
たねお
たんす
たんすの取っ手を
かふ
かふ
かじ
かじ
取っ手が のどに当たって
おえっ
私は猫を尊敬してるけど
……
かふ…
かふ…
おえっ…
バカなの?
このときばかりは他に言葉が出てこなかった

密かな楽しみ

猫をだっこして
鏡を見る
玄関の姿見
第三者目線で眺める「だっこされている猫」も
顔
はみ出る毛と肉
肉球
全体的なフォルム
プル……
プルル……
また格別のかわいさがあるのです
他の人から見たらすごいナルシストっぽいので注意が必要です
ふふふ
うふふ

齧《かじ》る気持ち

そーー
トンちゃんは たまに
シノさんを齧る
ガブロス
にゃーー!っ
なんで齧るの
びゃん
シノさん痛かったね
かわいそうに
よちよちよち
かわいそ…
ハッ
なんという丸さと
モチモチ感…!
マル
マル
モチ
モチ
齧りたい
謎の共感をしてしまった
……

たねおが変なことしてる。

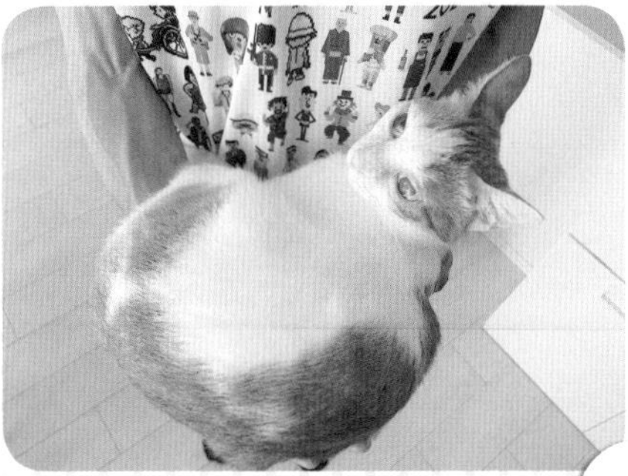

夫がしずしずと運んできた たねお

怖い先輩にそっとしっぽを乗せてみる

相変わらず
家で一番元気。
写真もブレブレ

同居して数年、いまだに「長っ」と言ってしまう

お気に入り段ボール箱で
尻を出しているところ

そっちも ちょっと狭いんじゃないだろうか

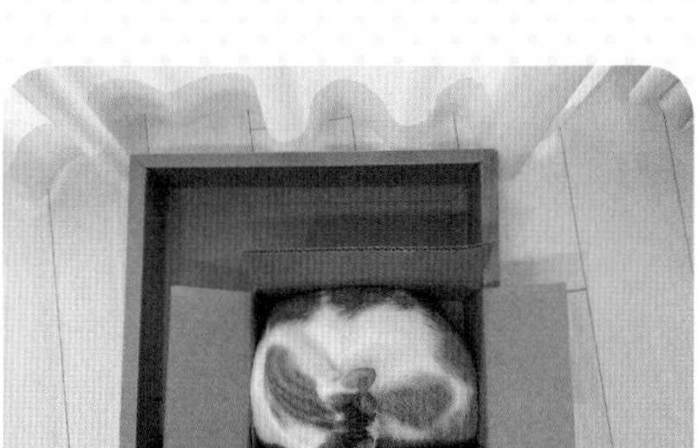

ちょっと狭いんじゃないだろうか

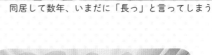

照れ？

トンちゃんがお腹に乗ってきた
のり…
座イス
ゴロ…
ゴロ…
この現場を夫に見せたい…
自慢したい
おいでなすった
ビャボン
スタタタタ
ド
なぜ

二人きりのときのデレデレトンちゃんを夫に自慢したいんだ

信頼の全体重

だっこ
しろ
んぇー
だっこ
しろ
んぇー
んもう
しょうがないな
シノさんは
見た目より重い
えっ
おもっ…
ズシリ…
そういう
能力なの？
安心しきってるから
重たく感じるのかな
脱力ズシリ…
完全に身を預けてくる
そのせいか 他の猫に
たまにキレられてる
友愛
ズシリ…
……
……
ズシスヤリ…

後輩に寄りかかって毛づくろいしてもらったりしています

たぬおはシノさんと
同じ体重だけど、
見た目より軽く感じる

ノスタルジー
カーテンに隠れるのが最近のたねおトレンド
ごっそ
ごっそ
ごっそ
よし、じゃらせ
はいはい
なんというかすごく…
ギャッ…
ギャ
「男子小学生」感あるな
キャッ
キャ

カーテンにくるまってる子いましたよね。
私もくるまったことがあります

トンちゃんもカーテン好き
（寝床として）

猫ごころ全然わからん

目覚めたら
最近は基本足元で寝てる
珍しくトンちゃんが枕元で寝ていて
わっ！トンちゃんか！
ビク
思わず声をあげてしまった
ごめん 枕元いていいよ
むしろいてください
足
なんでだよ

トンちゃんは人間と顔を近づけるのが気まずいことだと思っているのかもしれません。
遠慮なくくっついてほしい

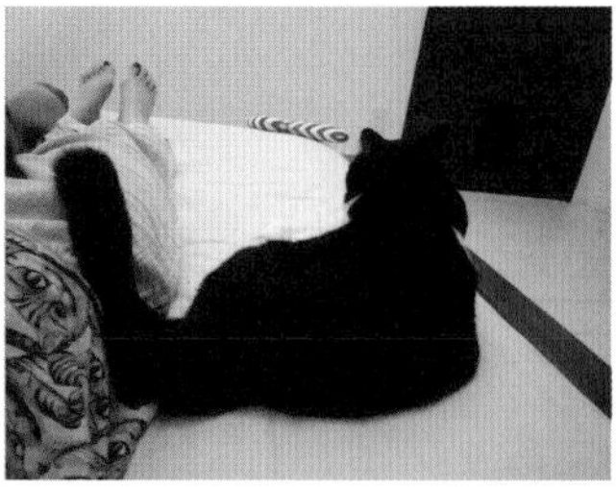

トンシノがよく寝てる位置

安全確認

ニャス

深夜に
シノさんが変な寝言
んぱ〜〜〜〜ぷ
（大声）
いちおう様子を見る
んぱーぷ？
トンちゃんも同じ反応
んぱーぷ…？

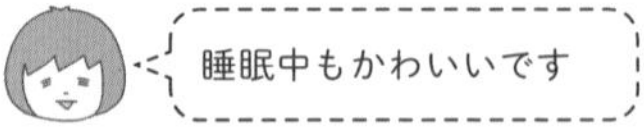
睡眠中もかわいいです

寝言といびきの中間みたいな音をよく出す
べぅん
べぅん…？

伝播

基本 不満があると埋めちゃう たねお
子猫の頃からそう
このエサは好みではない
なにやつ!!!
カッ
カッ
カッ
カッ
トイレがキレイじゃない
カッ
トンちゃんはたねおと仲良くないくせに
ムー!!
ぺん ぺんぺん ぺんぺん
やーん
全然 仲良くないくせに
やめなさい
この動きだけ真似するようになった
ウェットじゃなくてカリカリが良い
どのタイミングで情報交換したの…?
ザッ
ザッ

猫会議はたまに開いている

無視すると食べる
食べるとウマい
ねばる

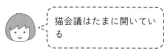

関節付近で寝がち

シノさん就寝
ぐいぐい
トンちゃん就寝
ぐいぐい
たぶん夜中に解散
暑い
暑い
そして変なポーズで取り残される飼い主
うーん
うーん
肩痛ってぇ…

重々承知

シノさんが服にくるまっていると
さりげなく寄ってきて
ススススン
齧る
ガブロス
にゃあああん
こらーーーッ
これが悪事なのはわかってる顔をしている
顔!!

わかってる顔

でも仲良しです

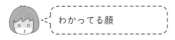

たぶん違う

自分以外の猫が
かわいがられてると
ドンッ
ぺんっ
すぐ乱入してくるトンちゃん
大丈夫
大丈夫
トンちゃんが
一番えらいよ
ゴロゴロゴロ
ゴロゴロ
こっそり
なでなで
シノもなでて
にゃーす
これが
いわゆる…
「忙しいけど
充実してる」状態…！
モフ
モフ モフ モフ モフ
モフ
※仕事は進んでいない

猫に大人気、
毛まみれの
けりぐるみ

秋、ちょっと寒そうにしてるシノさんと
少しも寒くないトンちゃん

トンシノ たねお 思い出 アルバム

パァ

魚のぬいぐるみを抱いて放心している

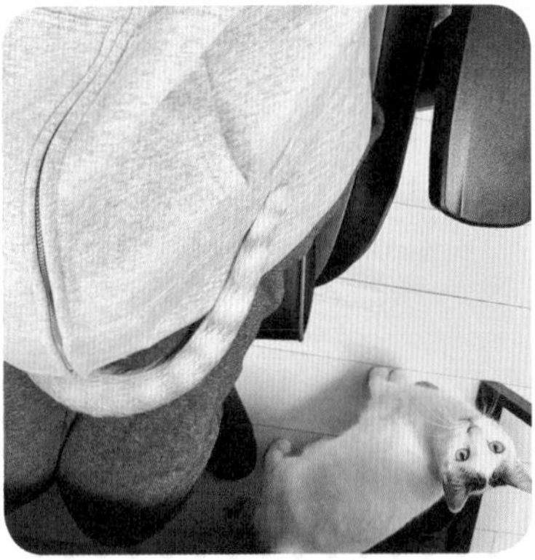

夫に甘えるたねおと「我も我も」なシノさん

書類ケースが
気に入った様子

変な座りかたで
放心している

ぐいぐい添い寝

多分好きだと思うんですよね

あとがき

この本を手にとっていただき、ありがとうございます。
おかげさまで6巻を描くことができました！

相変わらず猫には好き放題されていますが私は元気です。
5巻のあとがきで「いつかネタにする」と言っていた
トンちゃんのお尻歩きも無事収録できてよかったです。

早いもので、トンシノは人間で換算したら中年の年齢だそうです。
私も夫も中年なので我が家は中年だらけということになります。
中年になっても猫はますますかわいいです。

預かり猫のたねおも気づいたらすっかり大人になっていました。

色々な事情でうちでは預かることしかできないので、
引き続き見守っていただけたら嬉しいです。

今回も
編集担当の森野さん、
デザイナーの千葉さんには大変お世話になりました。
この漫画に関わっていただいた全ての方と
猫たちを見守り愛でてくださっている皆さまに
心より感謝いたします！

2021年12月　卵山玉子

現在の3匹のニックネーム
またね!!
・もち
・うるさいちゃん
・のめ子
・トンプイちゃん
・荒武者
・チャマちゃん
・たねてゃん
・ピィちゃん
・寝ないマン

STAFF

ブックデザイン
あんバターオフィス

DTP
ビーワークス

校正
齋木恵津子

営業
大木絢加

編集長
斎数賢一郎

担当
森野 穣

うちの猫《ねこ》がまた変《へん》なことしてる。6

2021年12月23日　初版発行
2024年10月 5 日　再版発行

著者　卵《たま》山《ごやま》玉《たま》子《こ》

発行者　山下直久

発行　株式会社 KADOKAWA
〒102-8177　東京都千代田区富士見 2-13-3
☎0570-002-301（ナビダイヤル）

印刷所　TOPPANクロレ株式会社

◆ お問い合わせ ◆
https://www.kadokawa.co.jp/（「お問い合わせ」へお進みください）
※内容によっては、お答えできない場合があります。
※サポートは日本国内のみとさせていただきます。
※Japanese text only

定価はカバーに表示してあります。

ISBN 978-4-04-680028-2 C0095

メディアファクトリーの
コミックエッセイ

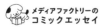